目　次

CONTENTS

CASE 1 給油取扱所での誤販売

注意を怠ると！

灯油と間違えてガソリンを注油

石油ストーブの
カートリッジタンクへ
ガソリンを注油

火災発生

違 反 条 項

1 灯油とガソリンを間違って販売したことについて
（消防法第10条第3項、危険物の規制に関する政令第27条第1項、第3項）

第10条

3　製造所、貯蔵所又は取扱所においてする危険物の貯蔵又は取扱は、政令で定める技術上の基準に従つてこれをしなければならない。

参照　【危険物詰替の技術上の基準】危険物の規制に関する政令（以下、危令）第27条第3項第1号【危険物の容器及び収納】危険物の規制に関する規則（以下、危則）第39条の3第1項【罰則】消防法第39条の3

（取扱いの基準）

第27条　法第10条第3項の危険物の取扱いの技術上の基準は、第24条及び第25条に定めるもののほか、この条の定めるところによる。

3　危険物の取扱のうち詰替の技術上の基準は，次のとおりとする。

(1) 危険物を容器に詰め替える場合は、総務省令で定めるところにより収納すること。

(2) 危険物を詰め替える場合は、防火上安全な場所で行うこと。

どのように注意すればよかったのか？

油種をお客に確認
ポリ容器にガソリンは入れない！

計量機の油種を確認

保安教育の徹底

CASE 2 給油取扱所での荷卸し

ローリーが入ってきました。
このとき、あなたは何に注意しますか？

注意を怠ると！

荷卸ししていない
吐出口から漏えい

過剰注入により、通気管、
マンホールから漏えい

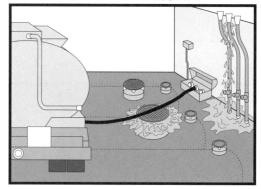

注入するタンクを誤ると、
コンタミが発生する。

違 反 条 項

1 危険物を漏えいさせたことについて
（消防法第 10 条第 3 項）

第 10 条

3 製造所、貯蔵所又は取扱所においてする危険物の貯蔵又は取扱は、政令で定める技術上の基準に従つてこれをしなければならない。

参照 【危険物の漏えい】危令第 24 条第 8 号

どのように注意すればよかったのか？

荷卸し作業時の立会い

うん、間違いないですね。

発注した油種と量の確認

注入するタンクの種類と
残油量を確認

注入タンクの残油量確認

可燃性蒸気の回収措置も
忘れずに（p.7 参照）。

的確な可燃性蒸気の回収作業

アースの確保

アース

吐出弁の確認
（使用しない側の閉鎖も確認）

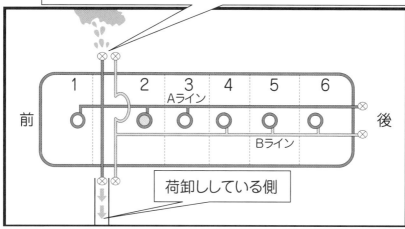

荷卸ししていない側の吐出弁が開放されていると漏えいする。

荷卸ししている側

注入口の確認

荷卸し中は計量機を一時停止する。

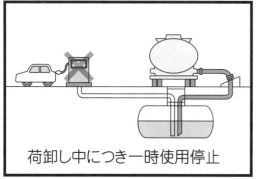

荷卸し中につき一時使用停止

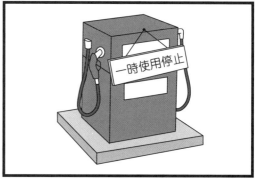

可燃性蒸気回収設備を適正に使用しないと……

タンクローリー荷卸し時にローリー回収口からのベーパーリカバリーホースをローリー側に接続しないと、可燃性蒸気が漏れて、付近の洗濯機の火花により出火

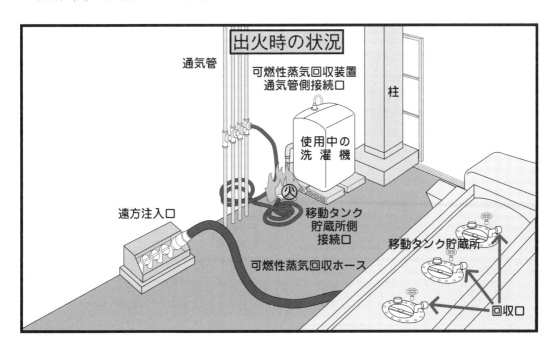

出火時の状況

通気管

可燃性蒸気回収装置
通気管側接続口

柱

使用中の洗濯機

遠方注入口

移動タンク
貯蔵所側
接続口

移動タンク貯蔵所

可燃性蒸気回収ホース

回収口

CASE 3　セルフスタンドで

セルフスタンドにお客が入ってきました。
このとき、あなたは何に注意しますか？

注意を怠ると！

子どもが乗っている。

子どもは
お父さんのお手伝い……

給油口のふたに触れると……

……発火！

違 反 条 項

1　監視不十分について
　　（消防法第 10 条第 3 項、第 13 条第 3 項）

第 10 条
3　製造所、貯蔵所又は取扱所においてする危険物の貯蔵又は取扱は、政令で定める技術上の基準に従つてこれをしなければならない。
参照 【セルフスタンドにおける危険物の取扱いの基準】危令第 27 条第 6 項第 1 号の 3
第 13 条
3　製造所、貯蔵所及び取扱所においては、危険物取扱者（危険物取扱者免状の交付を受けている者をいう。以下同じ。）以外の者は、甲種危険物取扱者又は乙種危険物取扱者が立ち会わなければ、危険物を取り扱つてはならない。
参照 【販売室（制御卓）での監視】危則第 40 条の 3 の 10 第 3 号

どのように注意すればよかったのか？

白線内に止めてもらう。

十分に監視する。

車内に可燃性蒸気が
入らないように注意する。

人体には静電気が
溜まっている。

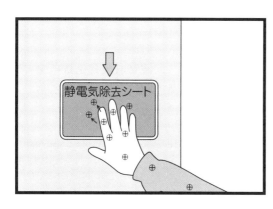

きちんと静電気を除去して……

さぁ、給油開始。
静電気除去シートに
触れた人が給油をする。

セルフスタンドでのその他の注意点

エンジンを停止させる。

火気厳禁

満タン後の継ぎ足し給油の禁止

CASE 4 給油設備の管理

これから、車両にガソリンを給油しようとしています。
あなたは何に注意しますか？

この状態で給油すると！

給油設備の給油ホースの下部に「にじみ」が認められる状況であった。

給油ホース下部からガソリンが吹き出して、給油している人がガソリンをかぶってしまった。

どのようにすればよかったのか？

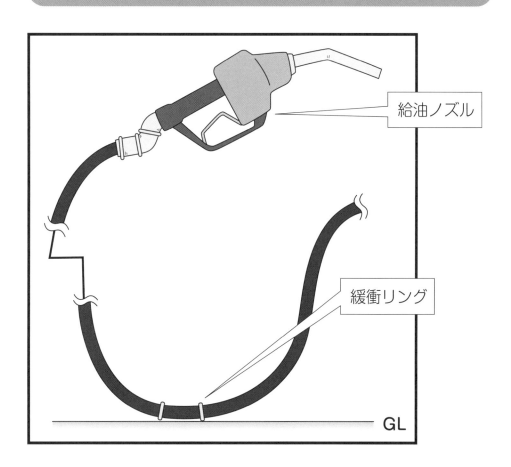

給油ホースの点検を行い、各接続部に劣化や漏れがないか始業時に必ず確認する。
特に、給油ホースが地盤面に接する部分には、通常「緩衝リング」や「緩衝ベルト」が巻かれているが、経年劣化が生じるので、確実に点検して緩衝材が摩耗している場合は早めに交換することが必要である。

CASE 5　車両の誘導

> これから、車両を給油取扱所の計量機に誘導しようとしています。
> あなたは何に注意しますか？

この状況で、誘導を続けると！

給油取扱所周囲の排水溝に設置されている変形した鉄製のグレーチングが、車両の通過に伴い外れて車両下部のガソリンタンクを突き破り、その衝撃で火災が発生

どのようにすればよかったのか？

給油取扱所の日常点検に際しては、ガソリン等の危険物の漏れだけではなく、給油取扱所全体の構造物も見ること。

特に、周囲の排水溝にグレーチングが設けられている場合は、グレーチング自体の変形や損傷がないか、また、排水溝から外れるおそれやとがった部分がないか必ず確認して受傷や損傷などの事故防止に注意すること。

また、キャノピーは支柱など屋外構造物の腐食状況にも注意が必要である。

> 平成28年8月に神奈川県で、キャノピーの支柱が腐食したことで、懸垂式給油設備を有するキャノピーが落下して車両を押しつぶす事故が発生している。

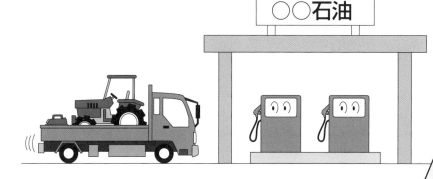

CASE 6 ガソリンの詰替え販売

お客が容器持参でガソリンを購入しようとしています。
あなたの施設では、どのような対応をしますか？

【背景】

　令和元年7月に京都市で、多数の死傷者が発生した爆発火災があり、この事件を契機として、危険物法令が下記のとおり改正されました（危険物の規制に関する規則第39条の3の2）。

　容器入りガソリン等を<u>合計10リットル以上</u>を目安として購入しようとする顧客に対して

1　顧客の本人確認
2　使用目的の確認
3　販売記録の作成

を行うこととされました。

ガソリン等…工業ガソリン、自動車ガソリン、ホワイトガソリン、
　　　　　　混合燃料油などが該当します。

1　顧客の本人確認

本人を確認できる書類として
1　運転免許証
2　マイナンバーカード
3　パスポート
4　公的機関が発行する写真付きの証明書
5　企業が発行する写真付き社員証
　　など

2　使用目的の確認

何の用途に使うのか、伺います
1　工事・発電機用燃料
2　農業用機械器具の燃料
3　林業等芝刈り機用燃料
4　レジャー等自家用燃料
5　その他
　　など

3　販売記録の作成

販売記録媒体

レシート

電磁記録

氏名〇〇〇〇

記載内容として
1　販売日
2　顧客の氏名・住所
3　本人確認の方法
4　使用目的
5　販売数量

1年間保存します

4　販売時の注意事項

1　個人情報の保護に注意！

（1）　顧客に対して、個人情報の利用目的を知らせること。

（2）　顧客の氏名等は他の顧客に見られないようにすること。
　　　（原則として、本人の同意を得ず、第三者への提供は行わない。）

（3）　販売記録の作成にあたり、マイナンバーのコピーや書き取りは行わない。

（4）　販売記録の作成及び保存には紛失等がないように、適切に管理・運用すること。

（5）　販売記録は、作成後１年間の保存記録が終了したときは焼却又はシュレッダー等を用いて廃棄後の漏えい防止に配慮すること。

2　詰替え容器の確認

ガソリンは灯油用ポリ容器に入れることはできない。

3　ガソリン容器への詰替え

セルフスタンドにおいても、ガソリン容器への詰替えは、従業員が行う必要がある。

出典：消防庁ホームページ（https://www.fdma.go.jp/mission/prevention/gasoline/items/gasoline_leaflet_kokyaku.pdf）

CASE 7 コンタミの販売が発覚

【発覚に至る経緯】

　灯油タンクの在庫量を調べていたところ、灯油の在庫量が予想より多いことが判明しました。

油量計

No.1 タンク
残量＋発注量
＝20,000L
のはず？

28,000L

ガソリンが混ざった灯油を販売したことがわかりました。
あなたは、どのような対応をとりますか？

Contamination NO!

　調査した結果、3日前にローリー荷卸し作業をしており、灯油タンクに誤ってガソリンを注入したことがわかりました。

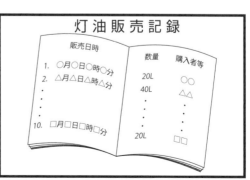

灯油販売記録

販売日時	数量	購入者等
1. ○月○日○時○分		
2. △月△日△時△分	20L	○○
	40L	△△
10. □月□日□時□分		
	20L	□□

　そして、3日間で10件の販売記録がありました。

　⇒コンタミの販売が発覚！

【とるべき措置】
1　直ちに消防機関、本社などへ報告する。
2　販売記録や監視モニターなどから購入者を特定する。
3　購入者が判明した場合には連絡し、灯油ストーブへの給油及びストーブの使用を中止させる。
4　すべての購入者が特定できない又は連絡がつかない場合も想定して、自治体や報道機関にも協力を呼びかけて、地域周辺に対してメディアによる広報の実施を依頼する。さらに、上記3の内容を表示したチラシを作成し、該当地域に配布して注意を促す。

【再発防止】
1　単独荷卸しを行う場合を除き、ローリー荷卸し時は、給油取扱所の危険物取扱者が必ず立ち会って、発注した油種及び量と荷卸しする油種及び注入量の確認を行う。
2　注入に際しては、注入前のタンクの種別、残量及び荷卸し後のタンクの量を必ず確認する。また、注油口の指示を徹底する。
3　タンクの残量の測定については、油面計の作動状況も改めて確認する。

CASE 8 風水害対策

【平時からの事前の備え】
1 ハザードマップを参照して、浸水想定区域や土砂災害警戒区域、浸水高さ等を確認
2 計画的な操業の停止や規模縮小を検討
3 気象庁や地方公共団体が発表する防災情報に注意
4 停電でPOSシステム等が使用できない場合の給油、清算業務への対策
5 手動による車両への給油方法の確認

これから、台風（豪雨）が接近してきます。
あなたの施設では、どのような対策をしますか？

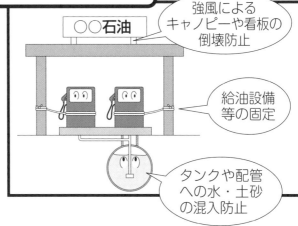

○○石油

強風によるキャノピーや看板の倒壊防止

給油設備等の固定

タンクや配管への水・土砂の混入防止

【風水害の危険性が高まってきた場合の応急対策】
1 浸水・土砂対策
　①土のうや止水板の用意、マンホールの閉鎖
　②地下専用タンクや配管への水や土砂の混入防止
　③屋外の容器、コンテナ及び移動タンク貯蔵所は高台へ移動
2 強風対策
　①飛来物等により配管が破損した場合に備えて、危険物の流出を最小限にするため、配管の弁を閉鎖
　②給油設備等の固定及び整備室のシャッター等の閉鎖
　③屋外の広告物の収納、屋外にある容器を金具等で固定

【天候回復後の点検・復旧】
1 水の混入の有無などの点検
2 必要な補修後の再稼働・漏電防止

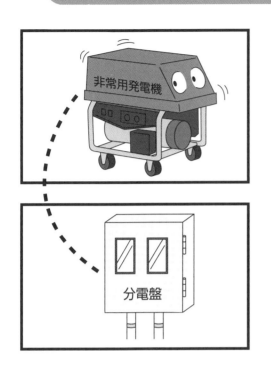

【発電機の日常点検等】
1　１か月に１回程度の稼働試験を実施
2　年２回程度は常用電源から非常電源への切り替え試験を実施

【発電機の準備】
1　燃料は入っているか？…稼働時間を確認
2　車両の走行又は給油業務に支障のない場所に設置
3　屋内に設置するときは、排気を屋外に排出
4　発電機のアース（接地）をとる
5　常用電源から非常電源へ切り替える際の分電盤等の結線方法を確認
6　発電機周囲の可燃物の除去
7　燃料を補給する際は、発電機を停止

【停電復旧後の発電機の措置】
1　常用電源復旧後、直ちに非常用発電機の運転を停止
2　非常用電源から常用電源への切り替え
3　燃料の補給
　　（燃料の備蓄と品質管理も合わせて）

その他の電気機器等の安全管理

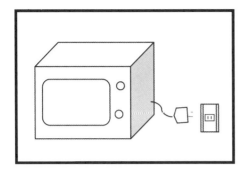

【電気機器等の使用時の留意点】
電子レンジや自動販売機など電気機器を使用中に停電した場合は、スイッチを切るとともに、差し込みプラグをコンセントから抜く

⬇

再通電時の出火防止

水が引いた後の重点点検確認箇所

【台風による塩害に注意】
・風が強くて、雨が少ないときは、塩分が付着しやすい
　（特に臨海工業地帯での海水飛沫）
・内陸部でも、台風の勢力が強い場合には、電柱や電線への塩害が生じやすい

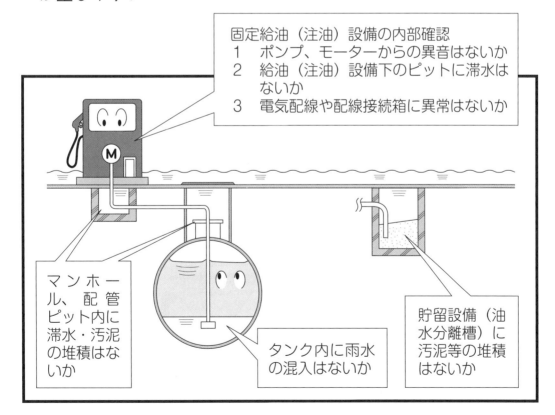

固定給油（注油）設備の内部確認
1　ポンプ、モーターからの異音はないか
2　給油（注油）設備下のピットに滞水はないか
3　電気配線や配線接続箱に異常はないか

マンホール、配管ピット内に滞水・汚泥の堆積はないか

タンク内に雨水の混入はないか

貯留設備（油水分離槽）に汚泥等の堆積はないか

給油取扱所における地震時の安全管理

地震発生！
このとき、あなたは何をしますか？

地震が起こったら

まず、来客者と自身の安全を確保する
（揺れが収まるまで）。

揺れが収まったら

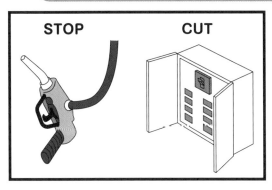

1 給油停止

2 電気設備及び火気使用設備等の電源を切る。

3 消火設備の点検

消火器及び泡消火薬剤容器などに異状はないか確認する。

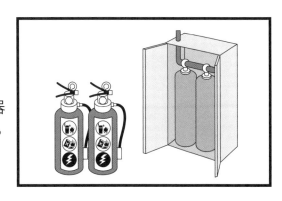

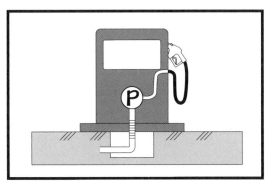

4 漏れの確認

（1）計量機内のポンプや配管から漏れがないか確認する。

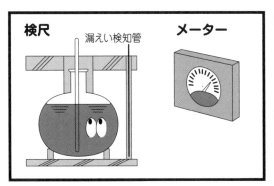

（2）検尺とメーターにより、地下タンクの容量が減っていないか確認する。

（3）漏えい検知管により、漏れがないか確認する。

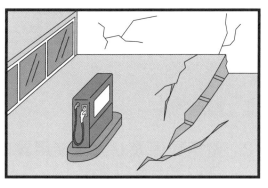

5 建物、ガラス及び防火塀の亀裂や損傷、敷地内の地盤沈下等がないか確認する。

6 油分離槽、排水溝に損傷はないか確認する。

7 操業再開に際して、例月行う点検項目をチェック

8 給油再開時はポンプに異音がないかチェック

CASE 10　日常点検による漏えい事故の防止

ガソリンスタンドの近くの川から油状物質が……。
このような状況にあった場合、あなたの危険物施設（ガソリンスタンド）から流出したものではないと、きちんと言えるでしょうか？
さて、あなたは、毎日の危険物施設の点検をどのように行っていますか？

日常の地下専用タンクの点検を見てみましょう

漏えい検知管の確認

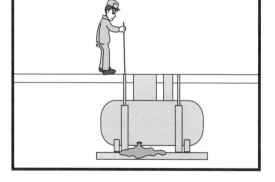

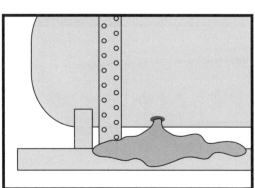

タンクの孔から漏えいしている。

きちんと確認する。

検知棒は漏えいを発見する
大事なセンサー

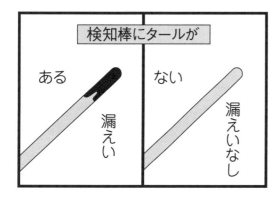

在庫量は定期的にチェック

計量機もこまめにチェック

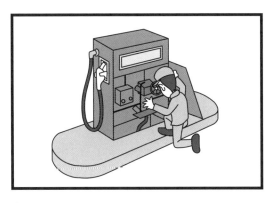

・ポンプから異音がする。
・吐出したガソリン・軽油などに水分・砂などの異物が混ざっている。

地下の送油管やタンクに孔が開いている可能性がある！

ポンプや配管の接続部分は
要注意

タンクからポンプへの
フレキシブル配管の
接続部もきちんと確認

フレキシブルパイプ

オカシイな。

残油量と払い出し量は必ず
チェックする。

「漏れ」はこんなところに注意！

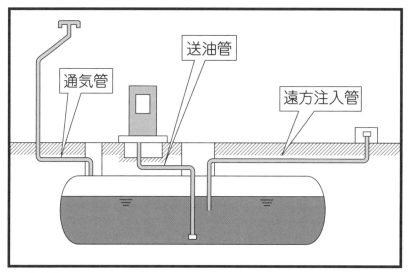

・地下専用タンク
・地下埋設配管（注入管、送油管、通気管）の腐食に注意！

設置後、20年以上経過している直接埋設の一重殻タンクや鋼製の配管は腐食している可能性大！

腐食のメカニズム

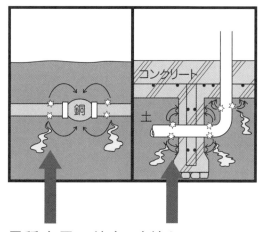

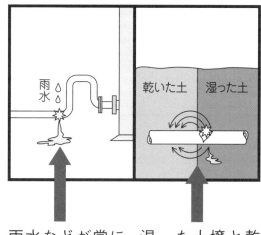

| 異種金属で結合されている部分 | 土壌とコンクリートの貫通部分 | 雨水などが常にあたっている箇所 | 湿った土壌と乾いた土壌にまたがっている箇所 |

CASE 11　ガソリン携行缶の使用

これから、ガソリン携行缶から発電機にガソリンを注油しようとしています。あなたは何に注意しますか？

この状態で携行缶の蓋を開けると！

温められたガソリン携行缶から可燃性蒸気が噴き出し、
近くに発電機等の火気器具等があったため火災が発生

なぜ火災となってしまったのでしょうか？

1 ガソリン携行缶が直射日光や発電機等の排気口等により長時間温められて、液温が高く、缶内の圧力が高くなっていたこと。

2 1の状態で蓋を開放したため、ガソリン内部に気泡が発生し、大量のベーパーが缶外に排出されたこと。

3 近くに自家発電機等の火気器具があったこと。

どのようにすればよかったのか？

☆ガソリン携行缶の安全な取扱いは…

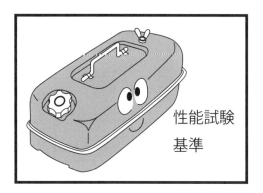

性能試験
基準

1　ガソリンの携行缶は、法令に適合した容器とすること。

【危険物の規制に関する規則】
　第41条〜第43条
【危険物の規制に関する技術上】
【の基準の細目を定める告示　】
　第68条の5

2　ガソリン携行缶
　　への注意事項の
　　表示

概ね13㎝

！噴出注意！

★周囲の安全を確認
★フタを開ける前に
①エンジン停止
②エア抜きをする
★高温の場所禁止

概ね
8㎝

3　保管するときは直射
　　日光の当たる場所や
　　高温となる場所を避
　　けること。

日陰

通風

火気器具から
離す

4 携行缶の蓋を開ける前に周囲の安全を確認し、エア抜きをすること。

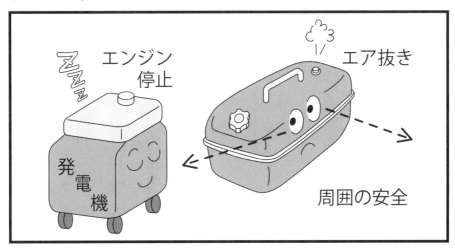

5 その他

(1) 夏季にガソリン携行缶を直射日光の当たる場所に置いた場合

携行缶内の温度は約55℃まで上昇し、携行缶内圧も上昇します。
↓
この状態で携行缶の蓋を開放すると、大量の可燃性蒸気が携行缶外に排出されます。

(2) 発電機の排気口近くにガソリンを置いた場合

携行缶内の液温は約90℃まで上昇します。
↓
この状態で携行缶の蓋を開放すると、大量のガソリンが開口部から噴き出す危険性があります。

(3) ガソリン携行缶が直射日光や発電機の排気口等により温められた場合

携行缶の蓋の開放やエア抜きは厳禁であり、直ちに周囲に火気や人がいない日陰の風通しの良い場所に移動させて、ガソリン温度が常温程度まで下がる6時間程度おいた後で、ゆっくりとエア抜きをすることが必要です。

【実験結果は平成25年10月4日消防危第177号を参照】

CASE 12　車両による危険物の運搬

コワイヨ～!

グラ　グラ

これから、容器に灯油を入れて配達に行きます。
このとき、あなたは何に注意しますか?

運搬車両はこのような点に注意

交通事故

キャーッ

乱暴な運転

キキーッ

容器の転倒・漏えい

違 反 条 項

1 走行中、危険物を漏えいさせたことについて
（消防法第16条）

〔危険物の運搬基準〕
第16条　危険物の運搬は、その容器、積載方法及び運搬方法について政令で定める技術上の基準に従つてこれをしなければならない。
参照【危険物の転倒】危令第29条第3号【運搬方法】危令第30条第1号、第5号

どのように注意すればよかったのか？

安全運転

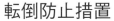転倒防止措置

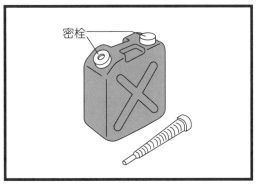

容器は密栓

CASE 13 ローリーによる危険物の販売

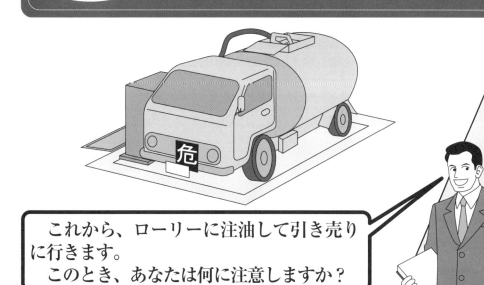

　これから、ローリーに注油して引き売りに行きます。
　このとき、あなたは何に注意しますか？

注意を怠ると！

注油中、その場を離れたため漏えい

走行中、
マンホールを閉め忘れたため
マンホールから漏えい

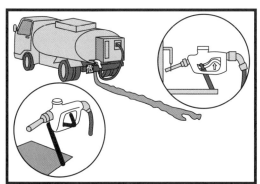

ノズルをバンパーの上に無許可で設けたノズル掛けに掛けたため、走行中、レバーが押されたことで、漏えい

違 反 条 項

1 注油中、監視不適による漏えいについて（消防法第16条の3第1項）

[製造所等についての応急措置及びその通報並びに措置命令]

第16条の3　製造所、貯蔵所又は取扱所の所有者、管理者又は占有者は、当該製造所、貯蔵所又は取扱所について、危険物の流出その他の事故が発生したときは、直ちに、引き続き危険物の流出及び拡散の防止、流出した危険物の除去その他災害の発生の防止のための応急の措置を講じなければならない。

2 走行中、危険物を漏えいさせたことについて（消防法第16条の2第2項）

第16条の2

2　前項の危険物取扱者は、移動タンク貯蔵所による危険物の移送に関し政令で定める基準を遵守し、かつ、当該危険物の保安の確保について細心の注意を払わなければならない。

参照 【マンホールの点検】危令第30条の2第1号

3 ノズルの位置を無許可で変更したことについて（消防法第11条第1項）

[製造所等の設置、変更等]

第11条　製造所、貯蔵所又は取扱所を設置しようとする者は、政令で定めるところにより、製造所、貯蔵所又は取扱所ごとに、次の各号に掲げる製造所、貯蔵所又は取扱所の区分に応じ、当該各号に定める者の許可を受けなければならない。製造所、貯蔵所又は取扱所の位置、構造又は設備を変更しようとする者も、同様とする。

(1)～(4)　[略]

参照 【許可申請】危令第6条、第7条

13

どのように注意すればよかったのか？

タンクへ注油中はその場を離れない。

注油後はきちんとマンホールを閉める。

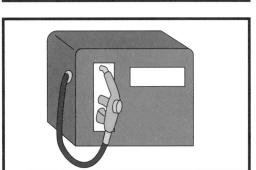

販売した後は、注油ノズルを正規の位置に掛ける。

 CASE 14 一般取扱所（ローリー積場での充填）

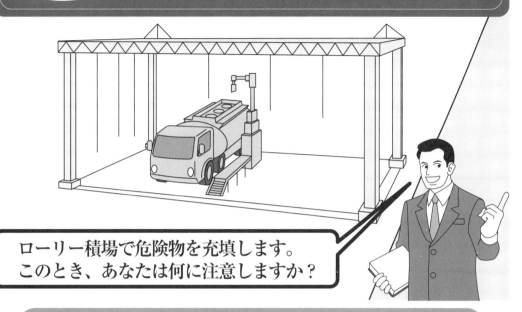

ローリー積場で危険物を充填します。
このとき、あなたは何に注意しますか？

注意を怠ると！

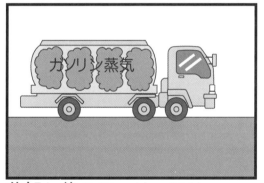

荷卸し後のローリーには
可燃性ガスが残っている。

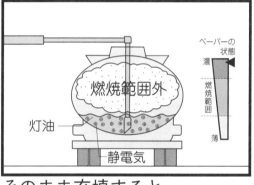

そのまま充填すると……

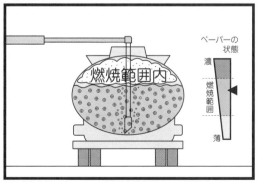

可燃性ガスの燃焼範囲に引火！

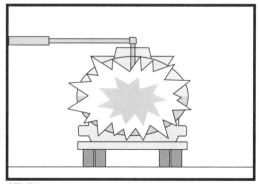

爆発！

14

違 反 条 項

1 充填中、火災を起こしたことについて
　（消防法第10条第3項）

第10条
3　製造所、貯蔵所又は取扱所においてする危険物の貯蔵又は取扱は、政令で定める技術上の基準に従つてこれをしなければならない。
参照 【可燃性蒸気の除去】危令第27条第6項第4号ハ、危則第40条の6

どのように注意すればよかったのか？

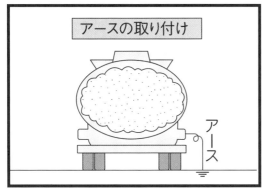

アースの取り付け

充填する前はアースの確認

ガスパージによる
残存可燃性ガスの除去

可燃性蒸気の除去

充填前に
ガスパージ

充填はゆっくりと。

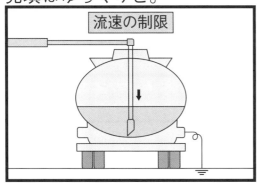

流速の制限

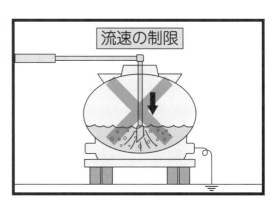

流速の制限

CASE 15 製造所での混合・攪拌作業

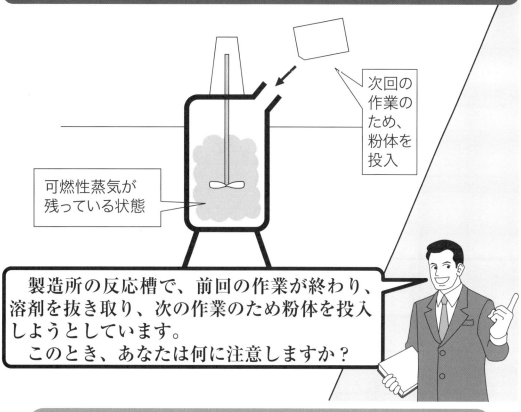

次回の作業のため、粉体を投入

可燃性蒸気が残っている状態

製造所の反応槽で、前回の作業が終わり、溶剤を抜き取り、次の作業のため粉体を投入しようとしています。
このとき、あなたは何に注意しますか？

注意を怠ると！

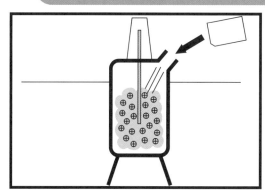

粉体を投入することにより、静電気が発生

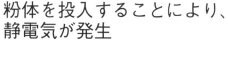

残存していた可燃性蒸気に引火・爆発

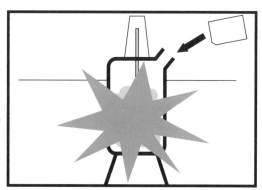

違 反 条 項

1 混合作業中、火災を起こしたことについて
（消防法第 10 条第 3 項）

第 10 条
3 製造所、貯蔵所又は取扱所においてする危険物の貯蔵又は取扱は、政令で定める技術上の基準に従つてこれをしなければならない。
参照 【詰替の技術上の基準】危令第 24 条

どのようにすればよかったのか？

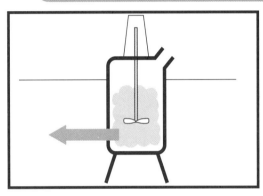

次の作業の前に前回の作業で使用した溶剤の可燃性蒸気をパージなどで完全に除去する。

ガス検知器などで可燃性ガスを測定する。

可燃性ガスがなければ、次の作業に移る。

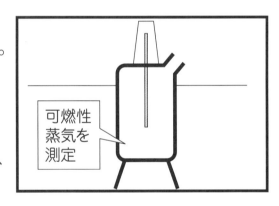

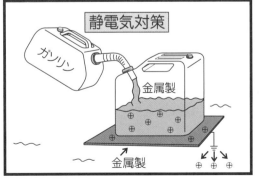

ガソリンなどの小分け作業は静電気対策を忘れずに！

参考資料

1　消防法上の危険物の概要

　危険物かどうかの判断は定められた試験を適用した場合、一定の危険性状を示すかどうかによって判定する。

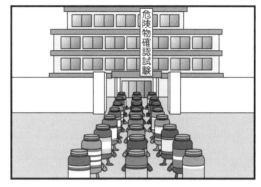

1　第一類（酸化性固体）

　そのもの自体は燃焼しないが、ほかの物質を強く酸化させる性質を有する固体であり、可燃物と混合したとき、熱、衝撃、摩擦によって分解し、極めて激しい燃焼を起こす。

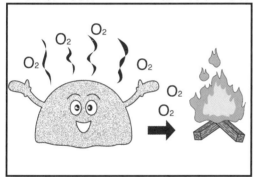

酸素分子を含有・放出

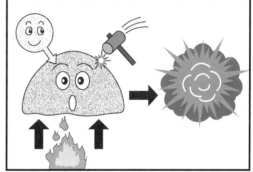

酸化されやすい物質との混合は衝撃等により爆発

2　第二類（可燃性固体）

　火炎によって着火又は比較的低温（40℃未満）で引火しやすい固体であり、出火しやすく、かつ、燃焼が速いので消火することが困難である。

燃焼が速く、燃焼のとき有毒ガスを発生するものがある。

微粉状のものは粉塵爆発、鉄粉等は水・酸との接触により発熱

参考資料

3　第三類（自然発火性物質及び禁水性物質……液体又は固体）

　固体又は液体であって、空気にさらされることにより自然に発火し、又は水と接触して発火若しくは可燃性ガスを発生する。

保護液に保存されている物品は露出させない。

禁水性の物品は水との接触を避ける。

4　第四類（引火性液体）

　液体であって、引火性を有する（ガソリン・灯油・軽油・重油など）。

可燃性蒸気は引火点以上で発生し、火源があれば発火

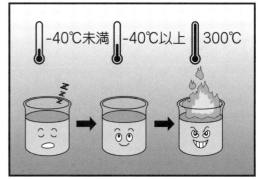

ガソリンの危険性

引火点と燃焼範囲

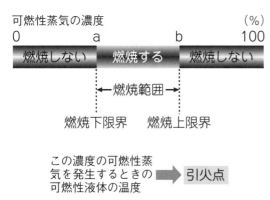

この濃度の可燃性蒸気を発生するときの可燃性液体の温度　➡　引火点

（例）第四類の危険物の引火点と燃焼範囲

物　質　名	引　火　点 （℃）	燃　焼　範　囲 （vol%）
ガソリン	-40	1.4 ～ 7.6
ベンゼン	-10	1.3 ～ 7.1
アセトン	-20	2.15～13.0
メタノール	11	6.0 ～36.0
エタノール	13	3.3 ～19.0
灯　　油	40	1.1 ～ 6.0
軽　　油	45	1.1 ～ 6.0

参考資料

5　第五類（自己反応性物質……液体又は固体）

固体又は液体であって、加熱分解などにより、比較的低い温度で多量の熱を発生し、又は爆発的に反応が進行する。

加熱・衝撃・摩擦等により発火し、爆発するものが多い。

6　第六類（酸化性液体）

そのもの自体は燃焼しない液体であるが、混在するほかの可燃物の燃焼を促進する性質を有する。

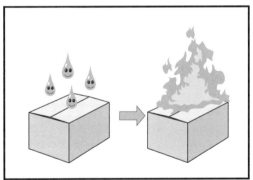

可燃物・有機物などとの接触は避ける。

腐食性があり皮膚を侵し、その蒸気は有毒

2 消防法上の危険物の品名・性質と指定数量

類　別	品　　名	性　質・指　定　数　量
第一類 （酸化性固体）	塩素酸塩類 過塩素酸塩類 無機過酸化物 亜塩素酸塩類 臭素酸塩類 硝酸塩類 よう素酸塩類 過マンガン酸塩類 重クロム酸塩類 その他のもので政令で定めるもの ・過よう素酸塩類 ・過よう素酸 ・クロム、鉛又はよう素の酸化物 ・亜硝酸塩類 ・次亜塩素酸塩類 ・塩素化イソシアヌル酸 ・ペルオキソ二硫酸塩類 ・ペルオキソほう酸塩類 ・炭酸ナトリウム過酸化水素付加物 前各号に掲げるもののいずれかを含有するもの	試験により次のように区分する。 　　　第一種酸化性固体　　　　50kg 　　　第二種酸化性固体　　　 300kg 　　　第三種酸化性固体　　 1,000kg
第二類 （可燃性固体）	硫化りん 赤りん 硫黄	100kg
	鉄粉	500kg
	金属粉 マグネシウム その他のもので政令で定めるもの （未制定） 前各号に掲げるもののいずれかを含有するもの	試験により次のように区分する。 　　　第一種可燃性固体　　　 100kg 　　　第二種可燃性固体　　　 500kg
	引火性固体	1,000kg
第三類 （自然発火性物質及び禁水性物質）	カリウム ナトリウム アルキルアルミニウム アルキルリチウム	10kg
	黄りん	20kg
	アルカリ金属（カリウム及びナトリウムを除く。）及びアルカリ土類金属 有機金属化合物（アルキルアルミニウム及びアルキルリチウムを除く。） 金属の水素化物 金属のりん化物 カルシウム又はアルミニウムの炭化物 その他のもので政令で定めるもの ・塩素化けい素化合物 前各号に掲げるもののいずれかを含有するもの	試験により次のように区分する。 第一種自然発火性物質及び禁水性物質　10kg 第二種自然発火性物質及び禁水性物質　50kg 第三種自然発火性物質及び禁水性物質 　　　　　　　　　　　　　　　　 300kg

第四類	特殊引火物		50 L
（引火性液体）	第一石油類	非水溶性液体	200 L
		水溶性液体	400 L
	アルコール類		400 L
	第二石油類	非水溶性液体	1,000 L
		水溶性液体	2,000 L
	第三石油類	非水溶性液体	2,000 L
		水溶性液体	4,000 L
	第四石油類		6,000 L
	動植物油類		10,000 L
第五類 （自己反応性物質）	有機過酸化物	試験により次のように区分する。　　　　第一種自己反応性物質　　10kg　　第二種自己反応性物質　　100kg	
	硝酸エステル類		
	ニトロ化合物		
	ニトロソ化合物		
	アゾ化合物		
	ジアゾ化合物		
	ヒドラジンの誘導体		
	ヒドロキシルアミン		
	ヒドロキシルアミン塩類		
	その他のもので政令で定めるもの ・金属のアジ化物 ・硝酸グアニジン ・1-アリルオキシ-2・3-エポキシプロパン ・4-メチリデンオキセタン-2-オン		
	前各号に掲げるもののいずれかを含有するもの		
第六類 （酸化性液体）	過塩素酸	300kg	
	過酸化水素		
	硝酸		
	その他のもので政令で定めるもの ・ハロゲン間化合物		
	前各号に掲げるもののいずれかを含有するもの		

　この表は、消防法別表第1、危政令別表第3及び危政令第1条（品名の指定）をわかりやすく1つの表にまとめたものです。

3 全米防火協会(NFPA)の危険物判定基準

健康有害性の判定：カラーコード 青		引火性の判定：カラーコード 赤		反応性の判定：カラーコード 黄	
シグナル	予想される障害のタイプ	シグナル	燃焼の可能性	シグナル	エネルギー放出の可能性
4	非常に短い曝露時間にでも、致死させるか、ひどい後遺症の残る障害を与える物質	4	大気圧、常温下で速やかに、または完全に揮発して、空気中に拡散したやすく燃焼する物質	4	それ自身がたやすく爆発するか、常温常圧で爆発性の分解ないし反応を起こしうる物質
3	短時間の曝露でも、一時的だがひどい、または後遺症の残る障害を与える物質	3	ほとんどすべての環境温度で、発火しうる液体及び固体	3	それ自身が爆発性であるか、または爆発性の分解ないし反応を起こしうるが、その開始には強い起爆源がいるか、密閉下で加熱しなければならない物質 または水と爆発的に反応する物質
2	高濃度または長時間の曝露を受けると、一時的な失神を起こすか、後遺症の残る可能性のある障害を与える物質	2	発火させるには、ゆるく加熱するか、比較的高い環境温度にさらさなければならない物質	2	高温高圧でたやすく、激しい化学反応を起こすか、または水と激しく反応する物質 または水と反応して爆発性の混合物を生成する物質
1	曝露されると刺激性があるが、軽微な障害しか残らない物質	1	発火させるには、加熱しなければならない物質	1	それ自身は常温で安定であるが、高温高圧では不安定になりうる物質
0	火炎にさらされても、通常の可燃物以上の危害を与えない物質	0	不燃性の物質	0	それ自身通常時、また火炎にさらされても安定であり、かつ水とも反応しない物質

4 全米防火協会(NFPA)の引火性定義等

◆ 全米防火協会(NFPA)のファイア・ダイアモンドデザイン

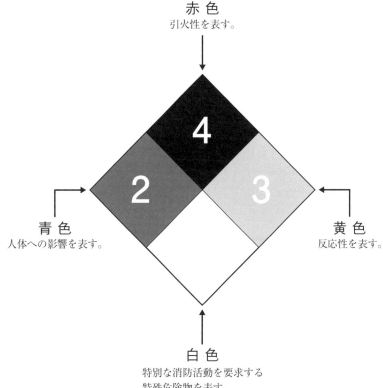

赤色
引火性を表す。

青色
人体への影響を表す。

黄色
反応性を表す。

白色
特別な消防活動を要求する
特殊危険物を表す。

［例　水と反応しやすい物質：W
　　酸化性物質：OX　　　　　　］

参考資料

5 国際海上危険物規程(IMDGコード)の分類、定義（概要）

分　類	定　　義　　等		等級
火薬類 （クラス1）	火薬、爆薬、弾薬、火工品その他の爆発性を有する物質	大量爆発（ほぼ瞬間的にほとんどすべての貨物に影響が及ぶ爆発をいう。以下同じ。）の危険性がある物質及び火工品	1.1
		大量爆発の危険性はないが、飛散の危険性がある物質及び火工品	1.2
		大量爆発の危険性はないが、火災の危険性があり、かつ、弱い爆風の危険性若しくは弱い飛散の危険性又はその両方の危険性のある物質及び火工品（大量の輻射熱を放出するもの及び弱い爆風の危険性若しくは弱い飛散の危険性又はその両方を発生しながら次から次へと燃焼が継続するものを含む。）	1.3
		高い危険性が認められない物質又は火工品（点火又は起爆が起きた場合にその影響が容器内に限られ、かつ、大きな破片が飛散しないものを含む。）	1.4
		大量爆発の危険性はあるが、非常に鈍感な物質	1.5
		大量爆発の危険性がなく、かつ、極めて鈍感な火工品	1.6
高圧ガス （クラス2）	摂氏50度で圧力300kPaを超える蒸気圧を持つ物質又は摂氏20度で圧力101.3kPaにおいて完全に気体となる物質	引火性高圧ガス	ISO10156:2010に規定される引火性判定方法により、20℃、標準気圧101.3kPaの下で、①濃度が13％（容積）以下の空気との混合物で発火性を有するもの、又は②引火下限界に関係なく引火範囲（空気）が12％以上のもの	2.1
		非引火性・非毒性高圧ガス	20℃において200kPa以上の圧力に圧縮された気体の物質又は深冷液化され得る気体物質であって、次の①又は②に該当するもの。ただし、引火性高圧ガス又は毒性高圧ガスに該当するものを除くものとする。 ①空気中の酸素を置換し、又は濃度を低下させるもの ②空気よりも激しく他の物質を燃焼させ、又は燃焼を助長するもの	2.2

参考資料

		次の①又は②に該当する気体の物質は、毒性高圧ガスに該当する。①吸入毒性試験による半数致死濃度が5,000mL/㎥以下のもの②人体に対して毒作用又は腐食作用を及ぼすもの	2.3
	毒性高圧ガス		
引火性液体類（クラス3）	①引火点（密閉容器試験による引火点をいう。以下同じ。）が摂氏60度以下の液体（引火点が摂氏35度を超える液体であって燃焼継続性がないと認められるものを除く。）		3
	②引火点が摂氏60度を超える液体であって当該液体の引火点以上の温度で運送されるもの（燃焼継続性がないと認められるものを除く。）		
	③加熱され液体の状態で運送される物質であって当該物質が引火性蒸気を発生する温度以上の温度で運送されるもの（燃焼継続性がないと認められるものを除く。）		
可燃性物質類（クラス4）	可燃性物質	火気等により容易に点火され、かつ、燃焼しやすい物質	4.1
	自然発火性物質	自然発熱又は自然発火しやすい物質	4.2
	水反応可燃性物質	水と作用して引火性ガスを発生する物質	4.3
酸化性物質類（クラス5）	酸化性物質	他の物質を酸化させる性質を有する物質（有機過酸化物を除く。）	5.1
	有機過酸化物	容易に活性酸素を放出し他の物質を酸化させる性質を有する有機物質	5.2
毒物類（クラス6）	毒物	人体に対して毒作用を及ぼす物質	6.1
	病毒をうつしやすい物質	生きた病原体及び生きた病原体を含有し、又は生きた病原体が付着していると認められる物質	6.2
放射性物質等（クラス7）	放射性物質	イオン化する放射線を自然に放射する物質	7
	放射性物質によって汚染された物質	放射性物質が付着していると認められる固体の物質（放射性物質を除く。）で、その表面の放射性物質の放射能面密度が一定以上のもの	
腐食性物質（クラス8）	腐食性を有する物質		8
有害性物質（クラス9）	クラス1～8以外の物質であって人に危害を与え、又は他の物件を損傷するおそれのあるもの		9

参考資料

危険物ヒヤリ・ハットケーススタディ

平成 21 年 3 月 20 日	初 版 発 行
平成 23 年 5 月 30 日	2 訂 版 発 行
平成 26 年 6 月 1 日	3 訂 版 発 行
平成 29 年 6 月 15 日	4 訂 版 発 行
令和 2 年 10月 15 日	5 訂 版 発 行
令和 4 年 4 月 10 日	6 訂 版 発 行 （令和 4 年 3 月 1 日現在）

編 著　危険物保安管理研究会
発行者　星 沢 卓 也
発行所　東京法令出版株式会社

112-0002	東京都文京区小石川 5 丁目 17 番 3 号	03(5803)3304
534-0024	大阪市都島区東野田町 1 丁目 17 番 12 号	06(6355)5226
062-0902	札幌市豊平区豊平 2 条 5 丁目 1 番 27 号	011(822)8811
980-0012	仙台市青葉区錦町 1 丁目 1 番 10 号	022(216)5871
460-0003	名古屋市中区錦 1 丁目 6 番 34 号	052(218)5552
730-0005	広島市中区西白島町 11 番 9 号	082(212)0888
810-0011	福岡市中央区高砂 2 丁目 13 番 22 号	092(533)1588
380-8688	長 野 市 南 千 歳 町 1005 番 地	

〔営業〕TEL 026(224)5411　FAX 026(224)5419
〔編集〕TEL 026(224)5412　FAX 026(224)5439
https://www.tokyo-horei.co.jp/

ISBN978-4-8090-2506-8